有趣的分子科学

旅行生活中的分子奥秘

张国庆/著

李　进/绘

中国科学技术大学出版社

内 容 简 介

本书以旅行为主线,对人在旅行生活中可能涉及的分子,如一次性杯子、帐篷、太阳镜等对应的化学分子,进行趣味解读和介绍,以便人们更好地认识生活事物,增强环保意识。

图书在版编目(CIP)数据

旅行生活中的分子奥秘/张国庆著;李进绘. —合肥:中国科学技术大学出版社,2019.5
(前沿科技启蒙绘本·有趣的分子科学)
"十三五"国家重点出版物出版规划项目
ISBN 978-7-312-04704-6

Ⅰ.旅… Ⅱ.①张… ②李… Ⅲ.分子—普及读物 Ⅳ.O561-49

中国版本图书馆 CIP 数据核字(2019)第 093562 号

出版	中国科学技术大学出版社
	安徽省合肥市金寨路 96 号,230026
	http://press.ustc.edu.cn
	https://zgkxjsdxcbs.tmall.com
印刷	合肥华云印务有限责任公司
发行	中国科学技术大学出版社
经销	全国新华书店
开本	787 mm×1092 mm 1/12
印张	4
字数	35 千
版次	2019 年 5 月第 1 版
印次	2019 年 5 月第 1 次印刷
定价	40.00 元

序 一

一项创新性科技，从它产生到得到广泛应用，通常会经历三个阶段：第一个阶段，公众接触一个全新领域的时候，觉得这个东西"不靠谱"；第二个阶段，大家对于它的科学性不怀疑了，但觉得这个技术走向应用却"不成熟"；第三个阶段，这项新技术得到广泛、成熟应用后，人们又可能习以为常，觉得这不是什么"新东西"了。到此才完成了一项创新性技术发展的全过程。比如我觉得量子信息技术正处于第二阶段到第三阶段的转换过程当中。正因为这样，科技工作者需要进行大量的科普工作，推动营造一个鼓励创新的氛围。从我做过的一些科普活动来看，效果还是不错的，大众都表现出了对量子科技的浓厚兴趣。

那什么是科普呢？它是指以深入浅出、通俗易懂的方式，向大众介绍自然科学和社会科学知识的一种活动。其主要功能是通过提高公众的科学素质，使公众通过了解基本的科学知识，具有运用科学态度和方法判断及处理各种事务的能力，从而具备求真唯实的科学世界观。如果说科技创新相当于建设科技强国的"尖兵"和"突击队"，科普的作用就相当于夯实全民的科学基础。目前，我国的科普工作已经有越来越多的人参与，但是还远远不能满足大众对科学知识获取的需求。

我校微尺度物质科学国家研究中心张国庆教授撰写的这套"有趣的分子科学"原创科普绘本，针对日常生活中最常见的场景，深入浅出地为大家讲述这些场景中可能"看不见、摸不着"但却存在于我们客观世界中的分子，目的是让大家能够从一个更微观、更科学、更贴近自然的角度来理解我们可能已经熟知的事情或者物体。这也是我们所有科研人员的愿景：希望民众能够走近科学、理解科学、热爱科学。

今天，我们共同欣赏这套兼具科学性与艺术性的"有趣的分子科学"原创科普绘本。希望读者能从中汲取知识，应用于学习和生活。

潘建伟
中国科学院院士
中国科学技术大学常务副校长

序 二

　　随着扎克伯格给未满月的女儿读《宝宝的量子物理学》的照片在"脸书"上走红，《宝宝的量子物理学》迅速成为年轻父母的新宠。之后，其作者——美国物理学家Chris Ferrie，也渐渐走进了人们的视线。国人感慨：什么时候我们的科学家也能为我们的娃娃写一本通俗易懂又广受国人喜爱的科学绘本呢？

　　今天我非常高兴地向大家推荐由中国科学技术大学年轻的海归教授张国庆撰写的这套"有趣的分子科学"科普图书。张国庆教授的研究领域是荧光软物质的设计与合成、分子材料的电子和电荷转移、单分子荧光成像的合成以及光物理。他是一位年轻有为的青年科学家，在繁忙的教学科研工作之余，运用自己丰富的科学知识和较高的科学素养，用生动、活泼、简洁、易懂的语言，为我国读者呈现了这套科学素养普及图书，在全民科普教育方面进行了有益的尝试，这无不彰显了一位科学工作者的社会责任感。

　　这套书用简明的文字、有趣的插图，将我们日常生活中遇到的、普遍关心的问题，用分子科学的相关知识进行了科学的阐述。如睡前为什么要喝一杯牛奶，睡前吃糖好不好，为什么要勤洗澡勤刷牙，为什么要多运动，新衣服为什么要洗后才穿，如何避免铅、汞中毒，双酚A、荧光剂又是什么，为什么要少吃氢化植物油、少接触尼古丁、少喝勾兑饮料、少吃烧烤食品，以及什么是自由基、什么是苯并芘分子、什么是苯甲酸钠等问题，用分子科学的知识和通俗易懂的语言加以说明，使得父母和孩子在轻松愉快的亲子阅读中，掌握基本的分子科学知识，也使得父母可以将其中的科学道理运用到生活中去，为孩子健康快乐的成长保驾护航。

　　希望这套"有趣的分子科学"丛书能够唤起孩子们的好奇心，引导他们走进奇妙的化学分子世界，让孩子们从小接触科学、热爱科学，成为他们探索未知科学世界的启蒙丛书。本书适合学生独立阅读，但更适合作为家长的读物，然后和孩子们一起分享！

杨金龙

教授、博士生导师

中国科学技术大学副校长

前　言

我们的世界是由分子组成的，从构成我们身体的水分子、脂肪、蛋白质，到赋予植物绿色的叶绿素，到让花儿充满诱人香气的吲哚，到保护龙虾、螃蟹的甲壳素，到我们呼吸的氧气分子，以及为我们生活带来革命性便捷的塑料。对于非专业人士来说，这个听起来这么熟悉的名词——"分子"到底是个什么东西呢？我们怎么知道分子有什么用，或者有什么危害呢？

大多数分子很小，尺寸只有不到 0.000000001 米，也就是不足 1 纳米。当分子的量很少时，我们也许无法直接通过感官系统来感觉到它们的存在，但是它们所起到的功能或者破坏力也可能会很明显。人们发烧时，主要是因为体内存在很少量的炎症分子，此时如果服用退烧药，退烧药分子就可以进入血液和这些炎症分子粘在一起，使炎症分子无法发挥功效，从而使人退烧。很多昆虫虽然不会说话，但它们可以通过释放含量极低的"信息素"分子互相进行沟通。而有时候含量很低的分子，例如烧烤食物中含有的苯并芘分子，食用少量就可能会导致癌细胞的产生。所以分子不需要很多量的时候也能发挥宏观功效。总而言之，分子虽小，功能可不小，它们关系到人们的生老病死，并且构成了我们吃、穿、住、用、行的基础。

不同于其他科普书，这套"有趣的分子科学"丛书采用了文字和艺术绘画相结合的手法，巧妙地把科学和艺术融会贯通，在学到分子知识的同时，也能欣赏到艺术价值很高的手绘作品，使得这套丛书有更高的收藏价值。绘画作品均由青年画家李进完成。大家看完书后，不要将其束之高阁，不妨从中选取几张喜欢的绘画作品装裱起来，这不但是艺术品，更是蕴含着温故知新的科学！

本套书在编写过程中得到了很多人的帮助，特别是陈晓锋、王晓、黄林坤、胡衍、王涛、赵学成、韩娟、廖凡、裴斌、陈彪、黄文环、侯智耀、陈慧娟、林振达、苏浩等在前期资料收集和后期校对工作中都付出了辛勤的劳动，在此一并表示感谢。

想学习更多科普知识，扫描封底二维码，关注"科学猫科普"微信公众号，或加入"有趣的分子科学"QQ 群（号码:654158749）参与讨论。

目　录

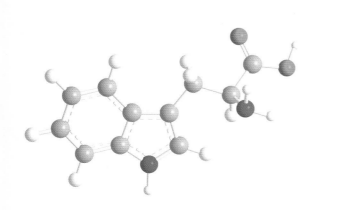
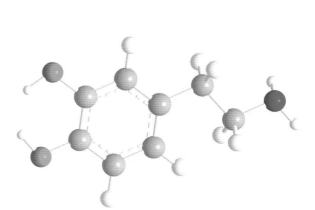
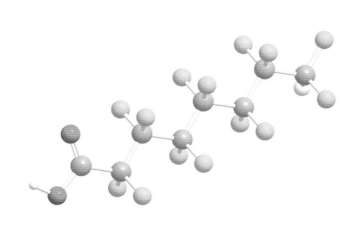
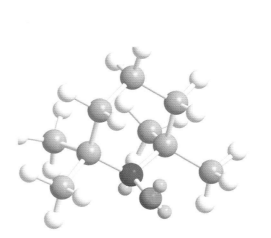

ABS

塑料行李箱是用什么材质做成的？

图说▶

节假日时来一场说走就走的旅行，不失为现代人快节奏生活中的一剂"调味品"。外出旅行免不了要带各种生活用品、换洗衣物，这个时候就该旅行的好伴侣——行李箱登场了。

一款适用的行李箱总能给旅途带来极大的便捷。常见的行李箱主要由牛津布、真皮、人造革或工程塑料（ABS）等高分子材料为主制成。

由ABS制成的行李箱由于自重较轻、性价比高，目前最受欢迎。实际上，ABS材质行李箱的原料ABS树脂是丙烯腈（Acrylonitrile）、丁二烯（Butadiene）及苯乙烯（Styrene）三种小分子的三元共聚物，也就是这三种小分子通过化学键连接而成的大分子。

ABS 树脂片段
分子结构示意图

三种小分子分别赋予ABS树脂许多优良性质：丙烯腈提供了硬度、耐热性、耐酸碱盐；丁二烯提供了低温延展性和抗冲击性；苯乙烯则提供了硬度、加工时的流动性及产品表面的光洁度。在加工过程中，它们的含量可以在一定范围内任意变化，通常情况下，丙烯腈的含量在15%～35%，丁二烯的含量在5%～30%，而苯乙烯的含量则在40%～60%。

ABS树脂是乳白色的，可为什么行李箱可以是五颜六色的呢？这是因为人们在制作行李箱的过程中使用了着色剂进行上色。值得注意的是，单一的着色剂有时并不能使行李箱呈现出我们想要的颜色哦。

小·贴士

虽然ABS树脂的原料丁二烯有致癌作用，丙烯腈也可能存在致癌作用，但在正常使用温度范围内（–20~80 ℃），ABS树脂是非常稳定的。只有在极端条件下，比如温度过高（400 ℃以上）时，ABS树脂才会分解，释放出致癌成分。

烃类化合物

飞机的动力来源是什么？

图说 ▶

收拾好行李，就准备出发了，那么如何去往目的地呢？随着科技的发展，人们可以选择的交通工具也越来越多，但对于距离超过 1500 千米的目的地来说，乘坐飞机还是商务和度假旅行的首选。

飞机那么大，那么重，它是怎么飞起来的呢？其实，飞机跟汽车、轮船等其他交通工具一样，也有动力装置，依赖于化石燃料的驱动。与普通交通工具所使用的燃料相比，用于飞机的燃料——航空燃料，是一种燃烧热值较高、危险性也较大的特殊化石燃料。航空所使用的燃料是独立于人们平时所见的汽油、煤油、柴油的一种单独类型的燃料。常用的航空燃料有航空汽油和航空煤油两种，航空汽油用于往复式发动机的飞机，而航空煤油则用于和冲压发动机的飞机。

十二烷分子结构示意图

航空汽油和航空煤油都是由许多"烃类"（只含有 C 和 H 两种元素的小分子）化合物组成的混合物。与航空汽油相比，航空煤油挥发性小，燃点高且低温流动性好。考虑到最大燃油效率以及成本问题，目前后者的使用更为普遍。

目前常用的航空煤油种类有 JET A-1、JET A、JET B 三种。JET A-1 是目前国际上民航所用的最为常见的航空煤油，凝固点为 $-47\ ℃$；JET A 则只在美国供应，凝固点为 $-40\ ℃$；而 JET B 则在寒冷条件下较为常用，凝固点为 $-60\ ℃$，闪点比较低，为 $-20\ ℃$，危险性是三种航空煤油中最高的。

小贴士

现在许多科学家致力于研究新型航空燃料，如生物燃料和天然气。不过由于工艺上的限制及其他各方面的复杂因素，目前使用新型航空燃料的成本依然非常高，还无法彻底取代石油燃料。但鉴于石油燃料是不可再生能源，新型航空燃料仍是未来重要的发展方向。

碳氢化合物

汽车的动力来源是什么？

图说 ▶

图说 ▶

森林的夜姗姗来迟，延长了旅途的时光。星斗悄悄地爬上了天穹，天空依旧是一片澄净的深蓝。车行驶了一天，油量即将耗尽。这时候，我们需要及时寻找加油站来补足能量。

如今，汽油已经成为各种车辆的主要燃料，间接地改变了人们的出行方式。一般来说，汽油是含有 5 ～ 12 个碳原子的碳氢化合物，是一种透明、容易挥发的混合液体，含有各种链状和环状化合物。来自不同产地的石油，使用不同的加工工艺，得到的汽油都是不一样的。比如俄罗斯的汽油中含 7 个碳原子的分子较多，而中国的汽油则含 8 个碳原子的分子多一点。除此之外，汽油中还有少量的含氮、硫元素的化合物，这些化合物的含量也会因工艺和产地的不同而不同。

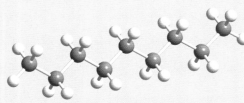

壬烷分子结构示意图

虽然汽油中可能含有几十种不同的碳氢化合物分子，但它们都能和空气中的氧气发生剧烈的化学反应，生成二氧化碳和水，并且放出大量的热。汽油中的分子发生化学反应的场所就是汽车的内燃机，这是一个含有活塞的密闭空间（气缸），化学反应释放的大量热能够加速分子运动，分子撞击活塞的频率增加，让活塞朝一个方向运动，经过一系列的杠杆、轴承和齿轮带动，汽车就跑起来了！

小贴士

随着汽车保有量的增加，汽车尾气对大气环境的污染也越来越严重。为了减轻环境污染，我们在改进燃油车节能技术的同时，还应该积极地推广新能源汽车，如纯电动汽车、增程式电动汽车、混合动力汽车、燃料电池电动汽车等。

聚丙烯

智能的房卡钥匙是用什么材料做成的？

乘坐飞机穿越蓝天白云，很快就要到达心仪的目的地啦！拎着行李箱可没法尽情享受旅行的快乐，这个时候选择一个合适的宾馆就非常必要了。登记完基本信息，前台服务人员会给你一张卡片，这就是打开房门的钥匙。

日常生活中的钥匙多以各种金属为原料制成，而宾馆使用的房卡是由含有磁条或者芯片的塑料制成的。

从广义上讲，塑料是以合成或天然的高分子化合物为主要成分，能够在一定条件下塑化成形，产品最后可以保持既定形状的材料，可分为热塑性塑料与热固性塑料。值得注意的是，塑料可不是简单的一种高分子化合物，为了满足实际加工及后续使用需求，在塑料的生产过程中常加入各种添加剂，这些添加剂可以改善塑料的表面以及光学性质，有助于加工成型。

聚丙烯分子片段结构示意图

房卡就是由热塑性塑料——聚丙烯制成的。聚丙烯是由很多个小分子单体——丙烯分子，通过化学反应聚合而成的高分子化合物。其外观呈半透明状，电绝缘性好、机械强度大、耐化学腐蚀，除强氧化剂外，室温下不受任何酸、碱、盐溶液的腐蚀。

作为常见的高分子材料之一，聚丙烯在工业生产及日常生活中有着广泛的应用，可通过注塑、挤塑、吹塑等方法加工成各种制品，如工业用管道、汽车零部件、家具、餐具等。

小·贴士

聚丙烯链上的叔碳原子极易受氧攻击而发生氧化作用，因此不宜将聚丙烯材料制品置于高温或阳光暴晒之下，那样会加速其老化。很多大的连锁酒店已经开始使用基于手机无线功能的电子房卡来代替传统的塑料房卡，这不仅可以节约时间，而且更加方便了商旅人士的出行，还减少了环境的污染和安全隐患。

二氧化硅

沙粒是由什么构成的？

图说 ▶

明媚的阳光倾泻而下，清凉的海风拂面吹过，入眼的是碧蓝的海水。沙滩就是游乐园。

晶莹闪亮的沙粒有着奇妙的结构。沙子的主要成分是二氧化硅。二氧化硅是硅的一种氧化物，广泛分布于自然界中，构成了各种矿物和岩石，也被称作硅石。二氧化硅约占地壳总质量的 12%，以晶体和无定形两种状态存在。纯净的二氧化硅晶体是无色透明的，有玻璃光泽，俗称"水晶"。含微量杂质的二氧化硅结晶通常会呈现不同的颜色，比如我们平时所说的紫水晶、黄水晶等。沙滩上常见的沙子就是混有较多杂质的二氧化硅。

二氧化硅晶体局部结构示意图

二氧化硅质地坚硬，熔点非常高，在 1670 ~ 1710 ℃之间；同时化学性质不活泼，不溶于水和酸（氢氟酸除外）。二氧化硅优异的物理化学性质使其有着广泛的工业应用，例如以二氧化硅为主要成分的石英是光学仪器的重要材料，普通的硅石可以用来制造陶瓷、水泥和耐火材料等。另外二氧化硅还是一种食品添加剂，用于食品的抗结，保持酥松的口感。很多种类的牙膏也添加了很细的二氧化硅颗粒，有助于更加高效地去除食物残渣。

经食道摄取的二氧化硅基本是无毒的，但游离的二氧化硅粉尘经呼吸道吸入后会停留在肺中并持续刺激肺部组织，会出现气短、胸闷、胸痛、咳嗽等症状，可能导致硅肺病、支气管炎或癌症等疾病。

小贴士

在挖矿、采石等粉尘作业环境中，会产生很多二氧化硅粉尘，在风砂、土壤和道路扬尘中，也含有一定量的二氧化硅，所以从事以上相关工作的人员一定要做好必要的防护措施，避免吸入粉尘。

阿伏苯宗

防晒霜为什么能防紫外线呢？

图说 ▶

迎着海风，呼吸着大海的味道，不管是在沙滩上嬉戏，还是在海中游泳，都躲不开火辣辣的阳光。做好防晒措施不仅能避免晒黑，更能防止晒伤。有了防晒霜，再也不用忌惮炎炎烈日啦！

光线是由波长不同的电磁波组成的，波长的单位一般是纳米（nm）。紫外线可以分为短波紫外线（UVC，波长为 $200 \sim 290\,nm$）、中波紫外线（UVB，波长为 $290 \sim 320\,nm$）和长波紫外线（UVA，波长为 $320 \sim 400\,nm$）。其中，UVC 在进入大气时基本就被臭氧层吸收掉了，所以对我们造成影响的是 UVB 和 UVA。

阿伏苯宗分子结构示意图

防晒霜的防晒功能是通过其中的防晒剂实现的。通常防晒剂可分为物理性防晒剂和化学性防晒剂。物理性防晒剂指的是能反射或分散紫外线的无机微粒，如二氧化钛和氧化锌。这类防晒剂通常停留在皮肤表面，不会被皮肤吸收。化学性防晒剂指的是能吸收紫外线的有机化合物，比较有代表性的就是丁基甲氧基二苯甲酰基甲烷（俗称阿伏苯宗）和甲氧基肉桂酸辛酯。这类分子吸收光能后，可以转化为快速的分子振动，从而消耗能量，达到保护皮肤的目的。

不过阿伏苯宗和甲氧基肉桂酸辛酯吸收的是不同波段的紫外线。实验表明，阿伏苯宗吸收波段在 $310 \sim 400\,nm$ 范围内，在波长 $360\,nm$ 下吸收量最大，因此主要吸收长波紫外线（UVA）。而甲氧基肉桂酸辛酯吸收波段在 $280 \sim 360\,nm$ 范围内，在波长 $310\,nm$ 下吸收量最大，因此主要吸收中波紫外线（UVB）。

小·贴士

SPF 是 Sun Protection Factor（防晒系数）首字母的缩写。一般商品包装上 SPF 后面的数字代表了保护皮肤免受紫外线晒伤的时间，SPF 值越大，表明皮肤受保护的时间越长。不过，SPF 值越大，防晒霜也会越油腻，容易增加皮肤负担。

菊酯类化合物

防虫喷雾为什么可以驱虫？

图说 ▶

落日的余晖把天空染成了绯红色，夜幕慢慢降临，一天就要结束了。但对某些小动物来说，一天的生活才开始。你听，它们正在上演一场交响乐呢！不过，在你驻足聆听时，要记得使用防虫喷雾来驱避蚊虫哦！

防虫喷雾为什么能让蚊虫避而远之呢？我们常见的防虫、驱蚊类产品的有效成分大多是避蚊胺和驱蚊酯。避蚊胺和驱蚊酯分别是 N, N- 二乙基 - 间 - 甲苯甲酰胺及 3-(N- 正丁基 -N- 乙酰基)- 氨基丙酸乙酯的别称。

顾名思义，两者都是驱避蚊虫而不是杀死蚊虫，通过作用于蚊虫的嗅觉感受器，阻断接受来自人类汗水和呼吸中的挥发性物质，从而起到屏蔽作用。也有研究表明是因为蚊虫不喜欢这两种化学物质的味道才远离的。

另外，还有一类大家熟知的产品——菊酯类化合物，常被用于蚊香中。不过，菊酯类化合物是直接作用于蚊虫的神经系统，使其过度兴奋、痉挛，最后麻痹而死。菊酯类化合物可分为天然菊酯和化学合成菊酯。天然菊酯是从菊科植物除虫菊的花中分离出来的，

氯菊酯分子结构示意图

主要成分是除虫菊素，遇光、热、酸、碱、氧气均不稳定。因此，人们在天然菊酯的结构基础上开发了一系列化学合成菊酯，也被称为拟除虫菊酯。这类合成菊酯不仅活性有所提高，也更加稳定，而且能进行大批量生产，作为家居所用杀虫剂。

小贴士

蚊子能够传播一系列如疟疾等致命的传染病，所以在进行户外活动时，尤其是在蚊虫肆虐的夏季，最好穿着透气性好的长袖长裤，再在衣物上喷洒防虫喷雾。要注意，防虫喷雾不要用在有伤口的皮肤上，小朋友、老人、孕妇或者体弱的人群也要尽量减少使用频率。

乙醇

免洗洗手液为什么可以消毒杀菌？

图说 ▶

常言道"病从口入"，而手最常碰触"入口"的食物，所以人们除了要注意食品本身的卫生外，还要勤洗手。但旅途中常常无法及时找到流动的自来水，让勤洗手也变成了奢望。有这么一个神奇的法宝，它倒在手上凉凉的，搓一搓就消失啦！它就是免洗洗手液，不仅可以杀菌，还省去了洗手的步骤，着实是旅行必备良品！

　　免洗洗手液的活性成分大家一定都不陌生，就是乙醇，俗名酒精，是一种醇类有机化合物，常温下是无色透明液体，有特殊气味。它的作用之一就是消毒杀菌，可以使细菌胞浆脱水，并使菌体蛋白质变性和沉淀，从而起到杀菌作用。但这并不意味着纯乙醇的杀菌效果最好。纯乙醇会在组织表面形成一层类似保护膜的蛋白凝固膜，妨碍自身的渗透，反而影响杀菌效果。实验证明，75% 的乙醇溶液穿透能力最强，杀菌效果最好。乙醇的沸点只有 78℃，易挥发带走热量，这就是我们使用免洗洗手液或在消毒棉签擦拭皮肤后感到凉凉的原因。

　　乙醇也是酒的主要成分。值得注意的是，虽然酒和工业乙醇的主要成分都是乙醇，但千万不能将二者混淆。酒是由含有糖类物质的谷物、葡萄等果蔬经微生物发酵而成的，而工业乙醇则是用木屑、树叶或其他廉价的谷物为原料制成，有害物质甲醇的含量较高。

乙醇分子结构示意图

　　乙醇极其易燃，燃烧后生成二氧化碳和水，可作燃料。如在汽油中添加部分乙醇，既能保证燃值，又能降低石油消耗，还能减少环境污染。

小贴士

　　乙醇杀灭细菌的机理和过度饮酒让人头疼的机理类似，都是因脱水而致的。另外乙醇虽然可以用来消毒杀菌，但同时其易燃的性质也是非常危险的，因此在使用含有乙醇类产品时一定要远离明火，以免着火。

聚氨酯

清凉泳装的面料是什么？

图说 ▶

海滩之行怎么少得了游泳这一环节呢！换上泳衣尽情畅游于大海中，与成群的鱼儿为伍，自由穿梭于珊瑚、海草之间，将海底世界尽收眼底。遥远的美人鱼传说，也在等着你去探寻。

泳衣作为海滩之行的必备品之一，其面料主要分为氨纶、锦纶及涤纶三种。其中，氨纶面料的泳衣不仅弹性好而且使用寿命长，因而受到了大家的普遍欢迎。

氨纶，最早由德国拜耳公司于 20 世纪 30 年代开发成功，1959 年美国杜邦公司首先实现工业化生产，商品名称为莱卡，是一种高弹力聚氨酯类纤维。聚氨酯类纤维是以聚氨基甲酸酯为主要成分，由嵌段共聚物制成的。所谓嵌段共聚物，就是将两种或两种以上性质不同的聚合物链段连在一起制备而成的一种特殊聚合物。这就好比用 50 颗珍珠和 50 颗钻石（代表两种不同的分子）串起来做成项链（高分子聚合物），可以随机穿插，这样产生的高分子叫作随机共聚物；但是如果是先把 50 颗珍珠穿完之后再穿钻石，那么就得到了嵌段共聚物。

聚氨酯分子片段结构示意图

这种共聚物中有两种嵌段，分别为软段和硬段（这也类似穿项链，小分子材料不同，产生的嵌段性质也不同，比如橡胶球串出来的项链富有弹性，而方形的水晶串出来的项链坚硬、僵直），其中软段由非结晶性的聚酯或聚醚组成，分子量相对较低，常温下处于高弹态，能够产生很大的伸长变形，并具有优良的回弹性；硬段多为结晶性且能发生横向交联的二异氰酸酯，硬段聚集成簇或形成"缚结点"区域，刚性较大，链段分子间相互作用力较强。在一软一硬的两段材料的作用下，就产生了弹性。

作为一种重要的纺织原料，聚氨酯类纤维可以被加工成各种柔软且富有弹性的织物，大家熟知的莱卡棉指的就是以聚氨酯类纤维为主要原料的织物。

聚氨酯类纤维也是第一种可以使用染料染色的纤维，且染色性能极佳，基本可以使用任何染料染出鲜艳的颜色。

小·贴士

和乳胶不同，聚氨酯类纤维本身几乎不会导致任何过敏反应，但这不等于说聚氨酯类纤维制品就是百分百安全的。在聚氨酯类纤维的生产过程中，很多原料都具有一定的刺激性和致敏性，这些原料的残留仍然可能会引起过敏反应。

苯扎氯铵

创可贴为什么可以保护伤口？

嬉戏于大海之中，漫步于沙滩之上，感受扑面而来的海风，大自然的馈赠让一切都变得那么美好。但锋利的贝壳及岩石却是潜在的危险。如果一不小心划伤皮肤，可用创可贴紧急处理伤口。

创可贴已经成为大家必备的应急物品之一，可为什么小小的创可贴可以帮助伤口愈合呢？

这是因为创可贴中含有一种神奇的物质——苯扎氯铵。苯扎氯铵是一种季铵盐类的阳离子型界面活性剂，可以理解为一种针对细菌的洗涤剂。早在20世纪初，苯扎氯铵就被用来消毒、防腐、杀菌以及抗菌。它能改变细菌胞浆膜的通透性，使菌体胞浆物质外渗，通过阻碍细菌代谢来杀死细菌；对革兰阳性菌具有很强的杀菌作用，但对结核杆菌和真菌的作用就比较差。与基于乙醇或过氧化氢的消毒剂相比，苯扎氯铵较为温和，用在受伤的皮肤表面不会引起皮肤的烧灼感。

苯扎氯铵分子结构示意图

除了用在创可贴上来紧急处理伤口，苯扎氯铵也被广泛用于眼科医疗，从抗青光眼药物到非处方人工泪液，是目前最常见的眼用防腐剂。

同时，由于苯扎氯铵属于阳离子型界面活性剂，还能在化学工业用作相转移剂，用来加快化学反应速率。

虽然苯扎氯铵用途广泛，但仍具有一定的毒性。0.1%是苯扎氯铵安全使用浓度的上限。另外，孕妇或者婴儿在使用苯扎氯铵制品之前需咨询医生，不可随意使用。

小贴士

在使用创可贴时，不能缠得太紧，以免伤口因接触不到空气而发生厌氧感染或影响伤口部位的血液循环。同时，由于苯扎氯铵能与蛋白质迅速结合而影响杀菌效果，因此在使用创可贴之前要简单清洗伤口除去血迹。

橡胶

游泳圈是用什么材质做成的？

图说 ▶

游泳初学者，对大海可谓是又向往又敬畏，想要克服内心的恐惧，畅游在大海里，游泳圈一定是我们最好的伙伴。有了它，即使不会游泳，也能漂浮在海面。

制作游泳圈的主要材料是橡胶。橡胶可分为天然橡胶和合成橡胶。

天然橡胶，顾名思义，来自大自然，目前有200多种植物可以作为天然橡胶的来源。天然橡胶是一种线性的高分子聚合物，只有通过交联反应把这些线性分子通过化学键连接起来，变成网状大分子结构，才能具有良好的物理力学性能和耐蚀性能。

合成橡胶分子片段结构示意图

合成橡胶主要以煤、石油、天然气为主要原料，可按需求合成各种具有不同性能的橡胶。合成橡胶种类繁多，按照合成的原料单体不同，可分为丁苯橡胶、顺丁橡胶、氯丁橡胶等。这些橡胶有着不同的特点：丁苯橡胶耐磨、耐老化；顺丁橡胶弹性好、耐低温；氯丁橡胶耐酸碱、不易燃烧等。它们的特点不同，因此用途不同，丁苯橡胶用于制造轮胎、胶鞋等，顺丁橡胶用于制造耐热管等。

根据不同的加工过程，合成橡胶又可分为热塑性橡胶和硫化橡胶。热塑性橡胶既有类似橡胶的物理力学性能，又具有类似热塑性塑料的加工性能。硫化橡胶是指经过硫化交联后的橡胶，具有高强度、高弹性、抗腐蚀等优良性能，且在变形之后，能迅速并完全地恢复原状。橡胶制品绝大部分是硫化橡胶。橡胶硫化就是大分子之间互相交联的过程，就好比是一碗泡面，在面条没有粘连之前每一根都可以自由滑动；一旦放久了面条粘连（交联）发生，则"牵一根而动全碗"，这可以理解为从流体变为弹性固体的过程。

小贴士

热塑性橡胶因其可以反复塑化成型，故可以回收再加工，更具经济和社会效益。

金属钨

手电筒为什么会发光？

寂静的夜里，漫步在海滩之上，清凉的海风迎面吹来，聆听着浪花拍打岩石的声音，欣赏夜色中大海别样的美。回家的路上，却是漆黑一片，此时，你急需黑暗里的一丝光明。

黑夜中，手电筒发出温暖的灯光，为我们驱散了黑暗带来的不安。可到底是什么物质让灯泡发光的呢？

在高效节能灯诞生之前，灯泡大都是钨丝灯，俗称白炽灯，是一种通电时将极细的钨丝加热至白炽从而发光的灯泡。任何有温度的物体都会发光，比如人体发出来的是肉眼不可见的红外光，物体温度越高，发光就会从红色（1000 ℃，如电炉）逐渐变成黄绿色（6000 ℃，如太阳）再到蓝紫色（几十万摄氏度，如一些恒星）。

金属钨之所以被选为照明灯丝，是由于其优良的物理化学性能。钨的熔点非常高，是所有非合金金属中最高的，高达3400 ℃，钨丝能发出柔和的黄光，而且具有良好的机械强度和防腐性能。这使得钨丝在白炽状态下的升华速度非常缓慢，能够很好地保持固体状态。

虽然钨丝的熔点非常高，但在高温状态下非常容易跟氧气结合，发生氧化反应，同时伴随着蒸发，钨丝会变得越来越细，灯泡内壁也会因沉积蒸发的钨而发黑。为了延长灯泡的使用寿命，就需要隔绝其与氧气的接触，所以需要把灯泡抽成真空，或者充入惰性气体，比如氮气、氩气等，作为保护气。

可即使这样做，钨丝仍会缓慢蒸发，一个好的解决办法是在灯泡中放入少量的碘单质。在灯泡内壁附近，碘将与钨蒸气反应生成碘化钨，然后在温度较高的钨丝部位又分解成固体钨和碘单质。这样一来，钨就可以被反复利用，再也不用担心钨丝蒸发啦！

小·贴士

由于基于高温发光的方法效率很低，目前白炽灯几乎都已经被淘汰，被更加高效的冷光灯源所取代。

聚乙烯

为什么纸杯在盛水时不会破损呢？

图说▶

静谧的夏夜，繁星点点，流萤飞舞。倚靠着古树，抬头仰望星空，无疑是外出旅行时的别样享受。但是当你离开时，别忘了手中的一次性纸杯哦！这可不是你应当赠与大自然的礼物。

为什么纸杯在盛水时不会破损呢？关键在于纸杯内壁那层薄薄的塑料质感的膜——聚乙烯薄膜。

聚乙烯可谓是日常生活中很常用的高分子材料，是由乙烯聚合而成的高分子化合物，有极优的耐化学腐蚀性、电绝缘性。根据分子结构和聚合条件，聚乙烯可分为高密度聚乙烯和低密度聚乙烯。其中，高密度聚乙烯分子支链少，结构紧密，结晶度高，因此密度也高，但透明度较差，常为乳白色颗粒，同时具有良好的机械性能，适合用来制作结构材料。低密度聚乙烯在结构上含有很多高度支化的短支链，因此结晶度不高，而这些支链妨碍了分子链的整齐排布，因此密度较低，但透明度较好，常用在日常用

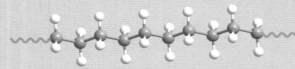

聚乙烯分子片段结构示意图

品上。该如何理解这些概念呢？大家可以想象，是把很多根竹子（没有支链）放在一起比较好捆成一捆，还是把很多柏树（很多支链）放在一起更容易捆？肯定是枝杈（支链）越少越容易规整排列。在分子的世界中也是一样的道理，结晶就是规整排列的过程，越是缺少支链，越容易结晶，密度也越高。

老化现象是高分子材料的通病，聚乙烯塑料制品也不例外。其老化原因可分为两种：降解和交联。降解指的是分子量变小的过程，会让制品变软、丧失机械强度；交联是分子量变大的过程，会让制品变硬、丧失弹性。在日常生活中，应防止将聚乙烯塑料制品过度暴露在高温、阳光直晒或强酸、强碱等极端条件下。

小·贴士

虽然一次性聚乙烯纸杯具有一定的耐热性，但在制作过程中不免会添加一些小分子增塑剂，而这些小分子在高温条件下会融于水中，所以尽量不要使用一次性纸杯喝热水。同时，不要使用一次性纸杯盛放食用油或者其他油性食品。

尼龙

遮风挡雨的帐篷是用什么材质做成的？

图说 ▶

　　露营是每个人儿时的梦，搭一顶帐篷，燃一堆篝火，仰望璀璨的星空，听妈妈讲书中的故事。夜深了，躺进帐篷里，闭上眼睛，未完的故事将在梦里延续。

　　帐篷在露营时为我们遮挡风雨、阳光。常见的帐篷面料有帆布、尼龙、聚酯纤维等，其中尼龙和聚酯纤维由于质量轻、透气性好、覆盖防水层后能防雨，受到越来越多人的欢迎。

　　尼龙，即英文 nylon 的音译，又称锦纶，是一种高分子主链上含有酰胺结构的聚酰胺纤维。发明尼龙的是美国杜邦公司的化学家华莱士·卡罗瑟斯。此后，由于市场的大量需求，聚酰胺纤维行业发展迅速。

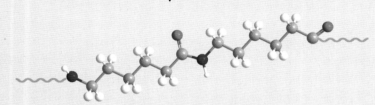

尼龙分子片段结构示意图

　　聚酰胺一般可由氨基酸、内酰胺制得，也可由相应的二元酸和二元胺缩聚而成。根据二元胺和二元酸或氨基酸中所含碳原子数的不同，可得到多种不同种类的聚酰胺纤维，其中尼龙 6、尼龙 66 和尼龙 610 是目前最常见、应用最广泛的几种。以尼龙 66 为例，其命名来源于初始原料己二胺和己二酸中分别含 6 个碳原子。

　　与天然纤维（如棉花、羊毛等）相比，聚酰胺合成纤维的耐磨损性和机械性能都得到了很大提高。民用的聚酰胺纤维习惯称作锦纶，可以制成各种衣料及针织品，例如丝袜、蚊帐，也可以制造帐篷、缆绳等。用于工程塑料的聚酰胺纤维可称为尼龙塑料，80% ～ 90% 都是尼龙 6 和尼龙 66，主要用于制作传动齿轮、轴套、搬运机械的滚轮及轴密封垫圈等。

小·贴士

尼龙材料普遍的缺点是吸水性大，容易受潮，因此尼龙器件的尺寸稳定性也欠佳。

叠氮化钠

安全气囊为什么会弹开？

自驾游的兴起，为出行增添了更多的灵活性。但如果对周遭路况不熟悉，就会加大交通事故的发生率，比如可能躲闪不及撞到前方的大树。这时车上的安全气囊（Air Bag）就发挥作用了，它会瞬间打开，以减少猛烈撞击带来的伤害。

为什么安全气囊能够及时打开呢？早期的汽车安全气囊里含有叠氮化钠（NaN_3），它在常温下比较稳定，但遇到高热或受到碰撞时会发生爆炸，释放出的氮气会迅速充满气囊。

安全气囊中除了主要活性物质叠氮化钠，还有一系列的氧化剂、促进剂和点火剂等。叠氮化钠从外观上看是无色晶体，易溶于水，其水溶液与酸发生反应时，会产生具有爆炸性和刺激性臭味的有毒气体叠氮化氢。

除了用在早期的安全气囊上，叠氮化钠还具有其他广泛用途。在实验室中，叠氮化钠

叠氮化钠分子结构示意图

是常用的有机合成原料。在生物化学及生物医药领域，叠氮化钠也可作为医用原料，用来制备四唑类化合物，进一步合成抗生素头孢菌素药物，同时叠氮化钠还具有优良的防腐杀菌性能。在农业生产领域，叠氮化钠也可用于土壤病虫害的治理。

叠氮化钠不仅有剧毒，而且易爆炸，又溶于水，所以我们通常会使用次氯酸钠溶液来处理含有叠氮化钠的溶液，两者结合会产生氯化钠、氢氧化钠，并释放氮气。

小·贴士

安装了安全气囊并不代表在发生意外事故时就一定能确保我们的安全。正确使用安全带才能保证安全气囊发挥其最大作用。

尿素

为什么汗液会有异味？

细菌这种"小怪物"，不断吞噬着人类出汗时分泌的尿素和其他有机物分子，并排出散发着难闻气味的代谢物。所以，想做一个身上没有异味、干净整洁的人，就要勤洗澡哦！

旅行不仅是心灵的放松，也是身体的运动。需要提醒大家的是，运动后一定要洗澡、换衣服。

大量运动时，人体内会发生很多放热反应，导致体温升高，这时候身体就会把汗液排出体外，通过水分蒸发来降温。人体有两种汗腺，分别叫作小汗腺和大汗腺。小汗腺遍布全身，只有少数部位没有，而大汗腺则主要分布在腋窝和腹股沟等位置。从化学成分上来说，这两种汗腺分泌的汗液是不同的，小汗腺分泌的汗液的成分是水和氯化钠等，而大汗腺分泌的汗液的成分是水、蛋白质、尿素等。

尿素富含氮元素，是皮肤表面各种细菌的"美味大餐"。有些细菌在食用了这些"美食"后，会产生有刺激气味的化学物质，散发出难闻的味道。

尿素是历史上第一个人工合成的"有机分子"，1828年由德国化学家维勒首次制备得到。尿素的合成证明了有机物也能够通过人工合成，这对现代合成化学来说有着划时代的意义。

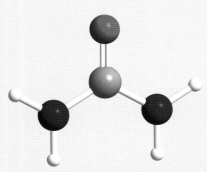

尿素分子结构示意图

尿素不仅是细菌的"美味大餐"，同样也是植物的"营养餐"，被广泛地用在农业中。

小贴士

出汗后如果不洗澡，皮肤表面就会积累大量有机物，从而导致细菌迅速繁殖，这容易造成皮肤感染，引起粉刺和痤疮。所以勤洗澡不仅能够避免身上出现难闻的味道，还能防止多种皮肤疾病的发生。

聚氯乙烯

透明雨伞的材质到底是什么？

图说 ▶

旅游时总期盼着风和日丽、阳光明媚，因为晴朗的日子免去了很多外出的不便。不过偶尔的小雨也别有一番惬意，比如在烟雨朦胧的江南，看到小巷中迎面走来的撑着油纸伞的姑娘。

普通的透明雨伞一般使用聚氯乙烯塑料布作为制作材料。

聚氯乙烯的英文名称为 Polyvinyl Chloride，其缩写就是我们熟知的 PVC，是继聚乙烯和聚丙烯之后，第三种最广泛生产的合成塑料。它是由氯乙烯小分子聚合而成的高分子化合物，可分为通用型聚氯乙烯、高聚合度聚氯乙烯、交联聚氯乙烯。通用型聚氯乙烯由氯乙烯小分子直接聚合形成，高聚合度聚氯乙烯是在氯乙烯小分子聚合体系中加入链增长剂聚合而成，而交联聚氯乙烯则是在聚合体系中加入含有双烯和多烯的交联剂聚合而成。

聚氯乙烯分子片段结构示意图

纯的聚氯乙烯质地较硬，不过增塑剂可以让聚氯乙烯变得柔韧。聚氯乙烯有很多优良的性质，比如耐化学腐蚀性，这也是聚氯乙烯管道相较于金属管道的优点。除此之外，聚氯乙烯有良好的电绝缘性和很高的阻燃值，但热稳定性和耐光性较差，一般在 100 ℃左右开始软化，在 120 ～ 165 ℃就会分解，长时间曝晒也会分解，并释放出有刺激性的氯化氢气体。因此，在实际应用中，常会加入稳定剂以提高其对光和热的稳定性。由于添加的某些稳定剂和增塑剂对人体有害，因此一般 PVC 塑料不能用于食品包装及儿童玩具。

小·贴士

由于聚氯乙烯不耐光、不耐热，因此聚氯乙烯制品应避免阳光直射和高温。

聚苯乙烯

常用牙刷的材质是什么？

图说 ▶

外出旅游时，住宿的酒店里一般都会提供一次性洗漱用品，如牙刷、牙膏等。但有的旅行者偏爱自带洗漱包，一是避免浪费，二是个人良好的生活习惯，特别是关于口腔卫生的。

人类的祖先早有漱口、刷牙的习惯。在 19 世纪之前，牙刷的刷毛主要是动物的棕毛。因此，造价昂贵，只有王公贵族才能消费得起。1938 年，杜邦公司推出了以合成纤维（多数是尼龙）代替动物棕毛的牙刷，大幅度降低了牙刷的成本，使其"飞入寻常百姓家"。

牙刷手柄的材料一般为聚苯乙烯，是由苯乙烯单体聚合得到的产物。聚苯乙烯的制品具有透明度较高、电绝缘性能好、易着色、易加工、耐腐蚀等优点，因此常被用来制作各种需要承受开水温度的一次性容器，如一次性泡沫饭盒等。和聚乙烯不同的是，聚苯乙烯中多了一个个"刚性"的环形分子，可以让刷毛不会因为太软而无法清理食物残渣。

聚苯乙烯分子片段结构示意图

小贴士

随着技术的进步，市面上出现了电动牙刷。普通的电动牙刷主要依靠震动旋转来清洁牙齿，较为便宜。还有一些高档的电动牙刷装有超声波仪器，靠脉冲、喷水清洁牙齿。虽然电动牙刷有很好的清洁效果，但是 7 岁前的学龄前儿童最好不要使用。因为此时正处于儿童长牙和换牙的关键时期，牙齿和牙周组织比较稚嫩，如果孩子使用不当，容易对牙周组织造成伤害。

聚碳酸酯

太阳镜为什么能保护眼睛呢？

图说 ▶

穿过黑暗的隧道，看到被阳光包围的出口，眼睛会特别不舒服，更不用说在旅行中远眺美景了。这时，一副变色眼镜就能解决你的烦恼，还能给这场旅行加上酷酷的感觉。

当你撑起太阳伞，抹好防晒霜，准备迎战"隐形杀手"紫外线的时候，别忘了护眼也是非常必要的！紫外线可能导致白内障等严重的眼病和皮肤癌等。所以，外出旅行时，一定要戴太阳镜，做好防晒措施。

太阳镜的镜片可以阻挡紫外线，有的太阳镜还能阻挡红外线。太阳镜并不能改变外界环境的颜色，只会改变光线的强度，给人一种凉爽舒适的感觉。大部分太阳镜的镜片是由聚碳酸酯材质制成的。聚碳酸酯是分子链中含有碳酸酯基的高分子聚合物，根据酯基的结构可分为脂肪族、芳香族、脂肪族 - 芳香族等多种类型。相比传统的玻璃镜片，聚碳酸酯镜片具有强韧、不易破裂、耐撞击等优点。

目前市面上也流行着变色眼镜。变色眼镜，顾名思义，就是在适当的光照下，眼镜会自动改变颜色；移去光源，眼镜又恢复为原来的颜色，看起来特别科幻。这就是溴化银的功劳了。溴化银是一种有感光性的分子，是制作变色眼镜常用的材料。在光的

聚碳酸酯分子片段结构示意图

作用下，它的结构会发生转变。这种变化是可逆的，从而引起颜色的可逆变化。

小贴士

大家可根据不同的喜好和不同的用途来选择太阳镜，但最根本的原则是要能保障佩戴者的安全及视力不受损伤。户外活动时，特别是在夏天，一定要用遮阳帽或者太阳镜来遮挡阳光，以减轻眼睛调节造成的疲劳或强光刺激造成的伤害。

表面活性剂

为什么沐浴露可以清洁皮肤？

沐浴露，是我们洗澡时常用的一种液体清洁剂。它与肌肤接触时不会像肥皂那样有硬邦邦的感觉，有特殊疗效和特别香味的沐浴露，更是得到了大家的青睐。

沐浴露本质上是一种表面活性剂，能显著降低水的表面张力。表面活性剂的分子结构具有亲油和亲水的特性，即一端为亲水基团，如羧基、氨基，羟基等，能很好地溶于水；另一端为疏水基团，常为非极性烃链，能很好地溶于油。加入少量的表面活性剂，就可以使原本难溶于水的油渍变得易溶于水，让清洁变得更容易。

烷基糖苷分子结构示意图

表面活性剂有天然的，如磷脂、胆碱、蛋白质等，但更多的是人工合成的。根据其溶于水后是否生成离子，表面活性剂还可分为离子型和非离子型。除了在日常生活中用作洗涤剂外，表面活性剂的应用几乎覆盖所有的精细化工领域，也是许多日常用品的原料，如洗发水、去垢剂等。

小贴士

在购买沐浴露时，应根据自己的皮肤类型来选择。大部分人的皮肤是中性皮肤，可以选用弱酸性的沐浴露。干性皮肤要选用滋润保湿止痒型的，油性皮肤应选用清洁为主的，敏感性皮肤要选用性质温和或者添加了缓解敏感的中草药成分的沐浴露。

作者简介

　　张国庆　美国弗吉尼亚大学博士，曾在哈佛大学从事博士后研究，现任中国科学技术大学教授、博士生导师。曾获美国化学学会授予的"青年学者奖"，入选教育部"新世纪优秀人才支持计划"、中国科学院"卓越青年科学家"项目。迄今已发表 SCI 收录论文 50 多篇。研究方向为荧光软物质的设计与合成、分子材料的电子和电荷转移、单分子荧光成像的合成以及光物理等。除教学、科研工作外，通过开设微信公众号、建网站、做讲座等形式，积极传播科普知识。

　　李进　青年画家，曾执导人民网"酷玩科技"系列动画、"首届中国国际进口博览会速览"动画。学生阶段的绘画作品曾多次获奖，导演作品《启》入选新锐动画作品辑。作品曾被人民网、光明网、中国长安网等媒体报道。